机器人是人类
最好的朋友吗

Le robot, meilleur ami de l'homme?

[法] 鲁道夫·格林 著

孙兆原 应远马 译

上海科学技术文献出版社

Shanghai Scientific and Technological Literature Press

目　录

果效弈博想心付永春

计算机技术

让·威尔图

电子技术

残疾人

奥尔德巴伦机器人研究公司

一个机器人专家的
"创世记"

　　喜欢动物与设计机器人之间有什么联系？法国国家原子能与可替代能源委员会和帮助残疾人之间有什么关系？一个能发出音乐的计算器和人形机器人之间又有什么关联？

　　答案很简单：连接起一切的是人和人们的想法。

　　我一直想当个兽医。我曾经有一阵子连续看了很多关于动物的书，还在放假的时候去诺曼底地区照顾奶牛、给奶牛挤奶。我一直都想养猫，但父母不同意，在阻挠了很多年之后他们终于送了只猫给我，结果呢，当兽医的想法没了。其实，我想当的是飞行员。我有段时间成天成天地看巴克·达尼的故事①，并不停地制作飞机模型。高中最后那年，每天下课之后我都和班上同学在一起做遥控飞机。等飞机做好之后，我们去了一家航模俱乐部。在那里，一个老会员让我们的飞机飞了起来。就在他把遥控器递给我们的那一刻，别人的一架飞机撞了上来，在几秒钟的时间里，对方的螺旋桨就把

---

① 全称为《巴克·达尼历险记》，是比利时作家创作的长篇航空漫画。——译者注

我们一年的积蓄和心血搅了个粉碎。于是,当
飞行员的想法也没了。

不过,虽然这个想法不在了,但它却把我
带上了正轨(如果可以这么说的话),我顺着这
条路先经过了预科,然后到达了工程师学院。
在预科阶段,我发现了一个决定我这辈子命运
的东西:惠普 HP41 科学计算器,虽然这个计算
器的逆波兰记法令人匪夷所思("3 输入 4 +"得
出"7")。除了发现波兰人扭曲的思想之外,我
还发现了编程,并从此获得了如下启示:数学
可以描述具体问题,计算机可以解决问题。此后,
我在准备数学考试和抚摸猫咪(我当然没有一
下子就把它抛弃)之外,还花了好几个小时让
我的计算器解答许多神奇的题目,比如计算最
大公约数、用 C 语言程序判断一个数是否为素

数、解二次方程等等。

惠普 HP41 的一个特别之处就是它可以发出声音：如果某一个判别式的答案是负的，它就会按照我的设置发出一个悠长而低沉的声音，因为我的方程无解，计算器很悲伤；反之，如果答案是正的，发出的声音就是三个小高音——有两个解呢！这种计算机走进现实世界的现象让我欢欣不已：周围所有人（尤其是我的猫）都能知道方程是否可解，但是除了灰色屏幕上黑色小棍棍儿组成的答案之外，计算机技术并不囿于计算器，而是以声音的形式走了出来。回想遥控飞机之憾，我暗想：说不定有一天，我的计算器也可以遥控什么东西呢。真的，如果每个不同的音符都有其对应的电机，并且能自己开、关继电器的话，我的计算器没准儿真的可以让什么东西动起来。当时是 1984 年，WiFi、蓝牙这种将一个设备与世界相连接的工具还不存在，得利用当时已有的工具来实现用声音控制开关。儒勒·凡尔纳肯定会用一个"精巧的装置"来解决这个问题。文学提供了想法，却没有草图，而我，应该把它做出来。我可以先去读工程师学院，那儿肯定教授电子技术课程，但实际上，我却采用了另一种方法，这也是之后我整个职业生涯中几乎一直采用的方法：找比我更棒的人帮忙，把我想做的做得更棒。于是我就去找了当时我认识的电子技术最棒的人——我的好友弗雷德。虽然我们这本书所在的"苹果"系列篇幅加长了，但还是不够列举弗雷德的众多才能，在这儿我就只说电子技术方面的吧：他是一个举世无双的电子专家，他有烙铁，会给摩托车换喇叭和车灯，还会用电线头、电阻和二极管做很多超级赞的东西，他甚至还会做印刷电路——把画好的电路板浸在一种液体里，拿出来之后再装上不同的电子零件。总之，他就是把儒勒·凡尔纳笔下的"精巧的装置"转化为实物的那个魔术师。

我想做一辆小汽车，它的每个后轮都连着电机、前面配个空转轮（就像超市里用的凯帝牌手推车的前轮一样）。计算器发出一个音符可以启动右后轮使汽车左转，发出另一个音符可以启动左后轮令其右转。想让汽车跑直线的话，需要发出第三个不同的音符让两个电机同时启动。了解了家里的平面图和电机转速之后，我就可以给小机器编程了，让它从我的房间出去以后沿着走廊跑，然后右转进入我哥的房间，然后在那儿开始演奏马克·安托万·夏庞蒂埃的《感恩赞》①。因为初一上过竖笛课，所以我对这首曲子已经烂熟于心。我哥哥肯定会超级喜欢的，尤其是大半夜的时候。唯一需要注意的就是不能用《感恩赞》里面出现的音符启动电机，否则就会乱套，车子肯定会撞到墙上。

弗雷德总是非常热情（他的性格就以热情出名），他对解决我的问题非常热心，他的帮助甚至超出了他当时已有的经验范围。在弄清楚如今称为"声音接口"的东西需要什么样的电路之后，他就开始了一系列准备工作：准备零件、制作印刷电路、焊接等等。几周之后，弗雷德向我展示了成果：一个很大的透明塑料盒（之

---

① 原名为 Te Deum，拉丁语。——译者注

前可能是装巧克力的），里面装满了电路"胶片"，计算器可以放在盒子上面。经过几个晚上的调试，终于，惠普 HP41 发出的一个音开启了一个电机的继电器！说实在的，我不知道这样做是不是疯狂了点：因为这件事耗费了我们很多的时间和金钱。拔下车栓的那一刻的确是最美好的，但除此之外，装电机或者装轮子这种事对我们"技术开发人员"来说一点儿意思都没有。其实，如果再"疯狂"一点儿，再把这个实验推进一点儿的话，我们就会发现有关机器人技术的很多其他方面了，也就是我们书里面要谈到的内容。不过此时，"大错"已经铸成：我中了机器人的毒。如果说当飞行员的想法已经烟消云散了的话，那么，当机器人专家的想法却已萌生。

　　我考进了一所工程师学院，这所学校虽然和机器人技术没有特别大的关系，但在那里，我的很多学科都打下了坚实的基础，尤其是了解了计算机技术和人工智能。之后，我进入法国国家原子能与可替代能源委员会的机器人部门服兵役，并在那儿度过了接下来的二十年时光。在那里，除了探索科研的世界，我还有幸认识了很多杰出的科学家、从充满激情的工程师们那里学到了我现在所知道的一切。此前，机器人对于我来说更多的是一种对科技的热爱，但在发现了机器人技术的另一非凡运用后，我的热爱又多了一种意义。我发现，制作机器人不仅仅有趣、挑战大脑，还可以帮助人们生活。

　　当时，在原子能与可替代能源委员会，机器人主要被用于危险领域：核电站维修、事故处理、操纵危险品……对于所有这些用途来说，正因为有了机器人共同承担任务，人类才得以在安全的情况下完成工作：人类对任务进行鉴定和理解，机器人遵其指令，执行任务而不（过于）受辐射影响。但当我到了原子能与可替代能源委员会的实验室时，他们已经在研发机器人的另一用途了。贝尔纳·勒西涅（Bernard Lesigne）是委员会的一位物理学家，一次滑雪事故致使他四肢瘫痪。让·威尔图是一位世界闻名的法国现代机器人之父，在遇到贝尔纳之后，他觉得对于贝尔纳来说或许整个世界都充满了敌意——他没法操纵日常用品，不是因为有辐射，而是因为他再也没法使用胳膊和手了。或许机器人可以帮到他。于是，威尔图产生了一个想法：为残疾人做一个操纵物品的机器人，而且这个机器人的操控方法要非常简单，任何人都能学会用。所以就需要找到能够适应有不同残疾的人的人机接口，以使其接触到期望机器人所具备的功能。此时，威尔图再次开创了先河：他没有孤身一人踏上冒险，而是很快与专业的康复训练医生和完全熟悉残疾人员的治疗师联合了起来；由专家告诉工程师们机器人要会做什么才能真正帮助残疾人。在这样的情况下，助残机器人的白马王子出现了，他就是来自布列塔尼凯尔巴博（Kerpape）中心的康复训练医生，米歇尔·布斯奈尔（Michel Busnel）。布斯奈尔医生当时正在加尔什（Garches）医院参观，这所医院是在残疾人照料及研究领域有最先进方法的参考中心。他在那儿见到了贝尔纳和威尔图开发的第一代样机"斯巴达克斯"，并且很快确信机器人技术可以改善残疾人的生活质量。在之后超过二十年的时间里，他一直与所有人（医生、治疗师、患者、工程师、研究员……）的成见作不懈对抗，就是为了让（彼时刚刚才诞生的）机器人技术能在残疾人享有的所有技术支持里占得一席之地。

我来到原子能与可替代能源委员会时，助残机器人项目已经相当完善了。当时，威尔图早在一场车祸中遇难身亡，我只在一间阴暗的、以他的名字命名的半地下会议室里看见一张他的黑白照片，看得出他非常聪明、善良，相信所有有幸与他相识的人都从他那儿受到过正面影响。布斯奈尔医生和贝尔纳还在，我深深地被他们的激情、能量和视野所震撼，也笃信了他们的信仰：运用机器人技术，帮助最无助的人继续自主而有尊严地在健全人的世界里生活。每当我在职业生涯中遇到挫折时，这一初衷总能让我感到努力是有意义的，充满勇气继续下去，为了实现目标而不断前行。当时我常去看一个叫伊夫·德鲁莱尔（Yves Deruel）的朋友，脑部肿瘤无情地把他从橄榄球巨人变成了一个只顾得上和地球引力对抗的大块头：他总是会摔倒，他想要抓住的东西总是会掉到地上。我知道他的痛苦，他的亲人也逐渐感到疲惫。所以我更加相信布斯奈尔和贝尔纳的相遇好比一粒落在有助于发芽的土壤里的种子。

我有幸与康复训练医生、治疗师和残疾人一起走过了十多年的时间。残疾人朋友自己要受苦楚煎熬，却仍愿意勉力帮我们测试机器人、忍受无休止的调试，而且所有人都愿意试用机器人、努力理解晦涩的机器人用语。尽管试用存在很多不足，但大家始终和我们一起充满着信心。在等了将近一个小时之后，当机器人终于成功地端来一杯水时，他们的笑容真的就是一个工程师所能想到的最美丽的奖励。当我们把数学、物理、力学、电子、信息结合起来时，这些学科有了一种别样的意义：一个人因疾病、事故或是衰老不得不依靠周围人时，我们可以给他多一点自由的活动能力。显然，这条路还很长，机器人技术也不是能帮助失去自主能力的人的唯一技术，但是它很有前景，也是我的选择。

随着项目的推进，样机的质量越来越可靠，操控更加容易，能够将机器人呈现给尽可能多的人的希望也与日俱增。但不幸的是，原子能与可替代能源委员会的职能并非是面向残疾人士生产销售机器人。当样机完成后，应该有工厂抓住这个商机，生产出安全可靠、能够产生利润的产品，并且将之销售出去并且保证售后服务。但要想达到这些目标，就需要很大的先期投入，没有多少公司能够承受得住，更不用说要生产护理机器人这种特别复杂的产品了。全世界尚无一家公司实现相关的工业化生产。技术风险和商业风险都非常大，开发成本又很高，似乎没有哪家工厂愿意向前迈出一步。几款样机就要尘封于实验室了，试用过的人又要感受到巨大的沮丧：如此期待的东西到头来却不会出现在生活之中。我描绘的场景有点灰暗，不过还是有几样产品开始出现在公众的视野中了，比如加拿大 Kinova 公司开发的 JACO 钳式智能机械臂：这是一种固定在电动轮椅上的自动化手臂，残疾人可以使用遥控器控制它、操纵周围物品。它是为数不多的机器人产品之一，价格昂贵，而其他数以千计的样机可能永远都要待在实验室或试验场中了。

我与机器人的缘分到达了这样一个阶段：一边是见证了机器人开始能有所作为的满足感，一边是目睹无人问津的悲伤感。而就在这个阶段，我遇到了布鲁诺·梅森尼尔（Bruno Maisonnier）。这个法国巴黎理工学院毕业的大个子高材生在银行里有着不俗的表现，不为人知的是，他在自己的秘密花园里耕耘着一份对机器人的热爱，并密切关注着科技的点滴变化。2005年，当布鲁诺认为机器人技术已经成熟，大家都在超市的货架上找机器人产品时，他创立了奥尔德巴伦机器人研究公司——面向大众的人形机器人生产商。机器人学界以不同方式欢迎了这个有点疯狂的赌注,要知道,大部分人都在工业化生产比人形机器人简单很多的机器人这件事上栽过跟头,布鲁诺在科技圈子里又没什么名气,大家想不出这个人能比自己做得强多少。这些怀疑并非空穴来风,但布鲁诺的动机如此完美地解答了我当时遇到的难题,于是我开始跟进他的项目:起初只是作为旁观者,后来给他引见机器人专家帮忙调试小型人形机 Nao,最终在 2008 年,布鲁诺启动"罗密欧"这个旨在帮助老年人的大型人形机器人的多方项目时,我加入了奥尔德巴伦,打算到这家公司内部看看,生产护理系列机器人是否真的那么困难。没错,确实很难,但这又是另一个故事了。在这本书里，我们要看看怎样制作机器人，会遇到什么困难，机器人都能做什么，还有我们可以怎样与机器人共同生活。

我那个带轮子的计算器和人形机器人会始终贯穿本书，因为作为我生涯的"始"和"终"，这两个机器人已经可以解释机器人技术需要解决的大部分问题了。

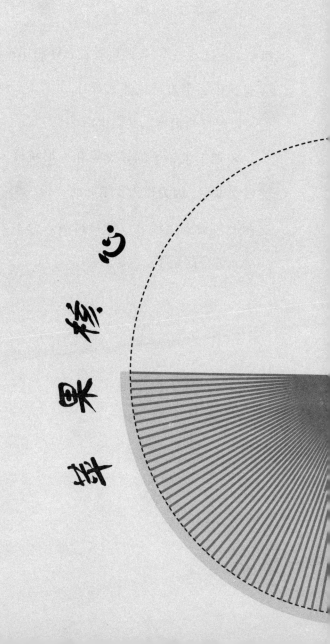

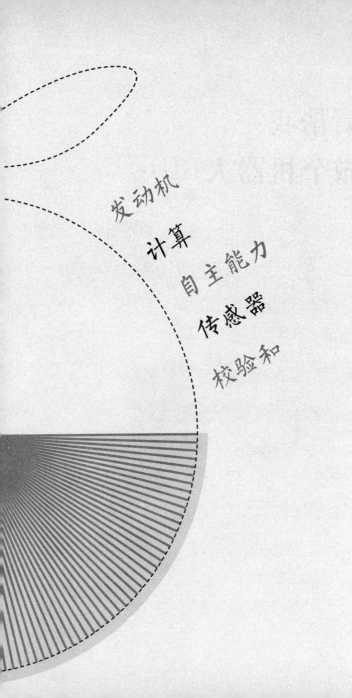

发动机

计算

自主能力

传感器

校验和

请帮我
做个机器人……

力学、程序、电子……要是把它们统统倒进调酒器里就能调出机器人该有多好!《卢贡·马卡尔家族》①跟这又有什么关系?

---

① 法国作家左拉的长篇小说集，共20册。——译者注

在讨论如何制作机器人之前,我们先要就"机器人是什么"达成一致。ISO(国际标准化组织)13482 标准给出的定义比较简单:"机器人是有至少两个轴、有一定自主能力、可以移动并执行既定任务的程控装置。"显然,我们也要就"自主能力"达成共识,它的定义在 ISO 中也有解释:"自主能力是指无需人力介入即可完成常规、探测等既定任务的能力。"这份标准还解释了什么是"程控",什么是"轴"……如果您对这些感兴趣,太棒了,建议您把 ISO13482 标准找来读读。虽然偶尔有点枯燥,但它真的是一部杰作,我本人也有幸对其撰写尽了一点绵薄之力。说回定义,要知道其中的每一个字都是通过漫长的国际会议反复掂量、讨论才决定的。

机器人是一个"装置",也就是说它是存在

于我们物质世界中的,是看得见摸得着的。有时我们会谈到网络搜索引擎"机器人",指的是电脑程序。当您搜索东西时,电脑程序会检索所有网页并把内容编成索引呈现给您,这些软件有一定自主性,可以为人类完成枯燥乏味的任务,但它们不是装置。因此,不管是从 ISO 出发,还是考虑到日常用语,都有必要指出:此"机器人"非彼机器人。电影《黑客帝国》(The Matrix)延续了这种误解,电影展现了一个宇宙飞船式装置在纯粹虚拟的数字世界里探索矩阵(Matrice)的故事(如果我没理解错的话)。机器人是令人神往的,一位程序员如果对自己编的程序感到非常自豪可能会将它视为机器人,这是可以理解的。但这位程序员并不知晓将信息智能塞进力学和物理学各种死规矩会经历的乐趣(或痛苦),除非他们也产生过遥控编程计算机小车的荒唐主意。

所以，想做机器人，应该"搞搞力学"。这个亲切的术语涵盖了非常广泛的技能，从螺丝刀、烙铁的用法，到可控弹性架构动力模拟。我想说的是，在机器人制作的尾声肯定需要灵活的手工来完成各装置部件的组装，但其实一开始，就需要解决很多棘手问题，包括进行大量复杂的计算以完成设计工作。

随便举个例子，假设您想做一个可以用两条腿走路的机器人。首先，腿是要承载机器人重量的，那么就要知道机器人有多重，或者至少机器人除去腿有多重，因为腿不能自己承载自己。但实际上，当机器人向前迈一步的时候，留在地面上的那条腿不仅要承受机器人的上身，还要支撑空中的那条腿：所以要设计腿的话，就先要设想出这条腿（更确切地说应该是它要承担重量的另一条腿，但简化一点，我们认为这两条腿是完全一样的）的重量和由（再简化一点）躯干、头、两条胳膊构成的上身的重量。在胳膊的另一端，多半需要设计手，手里要放物品，而物品本身也有重量。我们想让胳膊带动多少重量？本身是要计算腿的尺寸，现在却又在考虑胳膊能承受多少力了。另外，躯干里别忘了装电池。电池多重？那要看想让机器人有多大自主性、耗电多少，耗电量又取决于电机的个数和功率，而功率又取决于机器人的重量。所以总的来说，想要确定机器人的重量，首先就需要了解机器人的重量。为了不继续原地转圈，我们要做一个决定，有人说这是计划策略，有人说是营销需要：就决定机器人高 1.3 米，重 30 千克。然后继续给"圣诞老人"下订单：它要能以 3km/h 的速度走 45 分钟，同时左手拎 1 箱 6 瓶装的普通矿泉水、右手拎 1 箱 6 瓶装的有气矿泉水。我们姑且认为普通水和带汽水是等重的，忘掉带汽水的瓶子一般比普通水的瓶子小一些。以这些假设为基础，机械师会模拟出一个虚拟机器人（这里，尽管它是虚拟的，我们仍可以称之为"机器人"，我知道这不公平），有腿，有躯干，有电池，有胳膊，也有水瓶，而且通过精妙运算，可以得知每个关节（胯、膝、踝）提供多大的力才能令机器人以规定的速度行走。顺便提醒一下，我们把总重定在 30 千克时，并没有讨论重量分配的问题：一条腿多重，躯干、头、胳膊分别多重？有必要再次进行假设了。设计师认为自己的机器人是贴近人形的，有腿、有臂、有头，各部分比例或许应该和一个 1.3 米高的人一样。那怎么知道

1.3 米高的人其头有多重，胳膊有多重呢？选择 1.3 米这个规格，就是因为这么高的真人应该很容易被揍晕，然后将其按部位切块称重得出答案，而如果选了 1.9 米，我在打昏他之前应该会比较犹豫。如果不想采取如此极端的方法，可以上网看看，很轻松就能查到有人给出过答案，虽然没有把 1.3 米高的人打昏然后大卸八块过秤，但至少估算出了每个部位的重量，这样我们也用不着让小朋友充当小白鼠、和他们家长有什么纠纷了。好了，我们把各部位重量输入模拟器，然后显示出想以 3km/h 行走的话，膝关节需以每秒 450 度移动，力偶（应力）需要达到 40N·m（牛·米）。同样道理，可以得出腿部每个关节所需的速度和力偶。接下来就是在厚厚的电机产品目录里找到满足条件的电机了，显然无法找到：有转速每秒 45 000

转的（比需要的快 100 倍），有力偶是 0.4N·m 的（是需要的 1/100）。所以就需要加一些齿轮机构。加一个小齿轮，电机会转得稍快，再在关节处加一个大小是小齿轮 100 倍大的用来驱动，大齿轮的转速是小齿轮的 1/100，根据神奇的阿基米德杠杆原理，大齿轮可以产生 100 倍大的力偶。这样，我们就做出了一个腿部传动系统或是"传动装置"（电机和减速器）。同理，也可以做出臂部、颈部、手部传动装置。在了解了所有电机和它们的转速、力偶之后，就可以计算耗电量了（至少能让机器人动起来，但除此之外耗电的还有电脑、传感器……）。知道耗电量和使用时长之后，就可以推导出电池的电容和重量了。

现在有传动装置和电池重量了。好，Excel表格拉到底，发现这些东西加一起的重量还可以，控制在 30 千克之内，可是要做出机器人，只有这些远远不够。就算不看这本书也能想到，电机与电机之间应该有连接机制，还得用到电子技术，得有电线；为了看起来漂亮些，还得有外壳。这时我们发现，30 千克的设定有点难以遵守，可能对一个机器人来说，35 千克更合理。现在所有计算重新来过，结论是电机得用大一点儿的，当然就会更重一点了，然后发现 35 千克的设定也挺难遵守的，可能 40 千克更合理……

　　然后我们会觉得，结束恶性循环的唯一方法就是搬到引力最小的星球上去住。考虑到这样做会引起其他问题，我们想说不如改变另外的设定：3km/h 太快了，再说，水龙头的水挺好喝的①，谁

---

① 在法国，自来水可直接饮用——译者注

会花钱买那么多水喝啊；而且45分钟的行动力也太长了，除了足球运动员，谁会歇也不歇地连跑45分钟？

在就一些要求进行让步之后，我们最后找到了折中的、可行的办法。走出了恶性循环，可以开始设计机器人了。当然，有一些问题是不能让步的。产品目录并不能满足我们的全部要求，大家应该知无不言，推陈出新，挣脱束缚。简而言之，就是要想出个好点子。讲如何想出好点子的书有很多，我就不在这个老生常谈的题目上纠结了，不过值得一提的是，技术创新是成就前无古人之事，也是让全世界的工程师、研究员们起早贪黑的动力之一。披星戴月之间，能驱赶睡意的就是弄清楚模拟的计算能否在实际制作机器人时得到证实。如果是布线、连接器、电路板等容易打破平衡性的原因，导致做好的胳膊比预计的重了一千克，那一切就要从头再来。重新进行模拟计算工作量大不说，已经做好的部件还会浪费材料。

电线和信息码

有了支撑轮子和电机的简单底盘这样的装置，抑或人形机器人成形之后，下一步就是要发送指令让电机转起来。

人形机器人与人很相像，这一点使"同功"显得简明易懂：它有机械装置和驱动器，您有骨骼和肌肉，为了让它们动起来，需要大脑向肌肉和神经发出指令。很简单，大脑用 HP41 计算器就行，或者您如果能找到更好的也可以用其他电脑；神经就是线路和电路板，要放在机械内各个隐蔽的角落，它们和弗雷德给我的小车设计的声音解码器的作用是一样的，就是将电脑运算得出的结果变为电信号，再传输到需要转动的驱动器那里。

让信号在机器人内部旅行时，我们得给它们提供车子，不是公交车，而是信息总线：它是一根（由几根电线构成的）电线，和公交车的功能一样。它从始发站(电脑)出发,载上所有乘客(电脑为机器人各个电机运算得出的运动指令)，慢慢走遍机器人全身，在每一站（与一个电机相连的电路板）都停。乘客（运动指令）认识自己的车站（对应的电机），会从车（总线）上下来进到站内（可以驱动电机的电路板）。有一种信息总线很有名，叫做以太网（Ethernet），它经停的站点是其他电脑，对机器人来说，就算要使用以太网，也会用更专业一些的，比如 CAN [①]（来自机动车），RS485 [②]，EtherCAT[③]，VME [④]……在设计阶段，选择一辆能适应机器人所有预期功能和性能（流量、速度）的好"车"是很棘手的工作。用总线来连通电脑和电机跟坐公交车上班是一样的：公共交通可以减少拥堵，把乘客都放在一辆车里和每人一辆车相比，前者的路况比后者好得多。如果不用（信息）总线，电脑和每一个电机之间都需要一根电线。要做人形机器人的话，就意味着要从电脑接出 40 多根电线，经过各个关节，最终连到每个指头的电机上，而且在知道机器人故障的 90% 都出在电线上之后，减少电线

_____

① 控制器局域网络——译者注
② 职能仪表——译者注
③ 以太网控制自动化技术——译者注
④ 一种通用的计算机总线，是一种开放式架构——译者注

数量的好处就更加明显了。

回到公交旅行的话题上来，当动作指令到达电机控制板时，它的形式是一串数字（3；274；10；50；663），控制板可以解读它并执行相应动作。在这里，"3"表示指令是发给3号电机的，如果控制板是与3号电机（位置在左臂肘部）相连的话，它会读到后面的数字，否则它会让乘客回到车上，告诉它还没到站呢。如果它接收了乘客，就会继续看后面的数字，"274"，代表这是发给3号电机的第274个信息，如果之前的信息是以（3；273……）开头的话，控制板会觉得一切正常，第274个信息是接着第273个来的，否则，它会明白自己错过了一条信息，也就是发给它的一条指令。这时，它必须要采取措施了：一般是停止电机转动，告诉电脑它错过了一条指令。

这回，轮到它向开往电脑的车上放一个乘客了，也就是失误信息。这辆车（总线）是朝两个方向开的，是双向的，之后我们会发现它的实用之处。如果停止电机这一要求得到肯定的答复，我们的小车会因指令改变而停下来，但如果是机器人就悲哀了，因为迈步时突然停下很可能导致它摔倒。应该再想个方法，避免这种情况发生。当两道确认工序都顺利完成时，控制板终于能读到关键信息了："10"和"50"，即要求电机以最大速度的一半（50%）转10圈。在执行这个指令前，控制板会执行接到的最后要求"校验和"最后再确认一次，"校验和"就是"校验总和"的意思，这个要求是电脑发出的，比如电脑发送的数字指令相加等于1 000，而如果274加3加10加5加663正好等于1 000，说明是对的。但有时，总线传输过程中，信息可能因为干扰而有所"损坏"。校验和是检验收到的信息与电脑发出的信息是否一致的简单方法。实际上，很少出现干扰改变信息的情况，而数字序列的总和一般也不等于 1 000。好了，这下电机控制板知道指令是发给自己的、没漏掉信息、收到的信息完好无损，接下来它就会向电机发送电信号了。

把机器人比作人的话，总线相当于脊髓，它负责将大脑的指令通过神经传达给肌肉。和人的脊髓会产生非大脑决定的反射一样，即使电脑想让电机动，电控板也可能将其停止。实际上，电控板上有一个微型电脑，它能做的比简单反射要多得多，中央电脑可以委派给它部分运算甚至做决定的工作，这叫"分配智能"。人类的身体不是这样运转的，肌肉不会思考，但章鱼似乎拥有

分配智能：它的每条触腕上都有一个大脑，可以
做出高级决定控制该触腕的行为，是否正因如此，
章鱼保罗才用触角思考、预测出了 2010 年世界
杯的结果？生物学家尚未找到答案。我可能扯得
有点儿远了。总线协议涵盖了构成信息的所有规
则，没有什么需要担心的：检查确认工作甚至细
致到电机接线柱，确保机器人不会胡来。传递数
据上如有偏差会立即被侦测到，电机宁愿停止也
不会执行可疑的指令，我们几乎可以把这当做初
始意识了，不是吗？

传感器与运算

现在可以向电机发出指令，让机器人动起来
了。但如何让它具有自主性呢？根据 ISO，自主
性指的是"无需人力介入即可完成常规、探测等

预期任务"。先不管前一章讲的"车",我们来聊聊我年轻时做的那辆小车。它的目的地是我哥房间,如果把它放在我房间门口正中的位置,它需要先直行 1.5 米,然后右转 90 度,再前进 1 米,才能正好到达"受害者"的床尾。机器人发出的这一串连续指令叫做路线规划,执行程序的前提是知道环境的地形(公寓平面图)、机器人在图上什么位置(定位)。一旦路线规划完成,就要分步执行计划了。首先,直行 1.5 米意味着每个直径 10 厘米的轮子要朝前转 15 圈;然后,右转 90 度要让左轮前进而右轮不动;最后,两个轮子要朝前转 10 圈,完成套餐(ISO 称之为"预期任务")包含的最后那段直线。

机器就位,计划就绪,现在要执行了。怎样保证每个轮子转的圈数是正确的呢?第一个方案是让电机以一定的速度（每秒1圈）运行一定时间（10秒），这样就能让它转10圈。但很明显，这种做法不够精确：如果考虑过程中有加速和刹车的阶段，那么10秒钟轮子转数会略少于10圈；如果在秒表走到10和停止指令发出时刻存在微小的时间差，轮子转的时间就会略长于10秒。请相信我作为工程师的经验：误差之间从不会相互抵消，只会叠加。最好就是能找到一个真实计算每个轮子所转圈数的方法，这时会用到名为"编码器"的传感器。概括来讲，它是一个与轮子连为一体、周边布满小孔（乘方为2，如$4096=2^{12}$）的圆盘。在圆盘的一侧放一个小光源，另一侧放个探头，用来计算明暗的次数，即转过了多少个小孔：当探头计到1 024时，它便知道轮子转了1/4圈；计到2 048时,轮子便转了半圈；

那计到 40 960 时，它就可以确认轮子正好转完了预期的 10 圈。有了这个自身传感器（指测量机器人自身运动或内部运动的传感器），机器人就可以自主执行程序了。

我在做这些事的时候，哥哥显然看穿了我的想法，他把《卢贡·马卡尔家族》（他小时候沉迷的书之一）其中一册放在了屋门正中间。我的小机器人执行了我交给它的计划，在最后直行阶段瞄准左拉这本书直接撞了上去。由于电机功率不够大，轮子开始打滑，原地转 10 圈后停了下来，以为已经走完了需要的路程。接着，计算器就这样在走廊中央（而非哥哥的房间）响起了马克·安托万·夏庞蒂埃的《感恩赞》。要知道这个位置离我父母的房间可近多了，这两位虽然痴迷于音乐，但也无济于事，并没有给这次夜间音乐会好评。从此可以看出，自身传感器很好，但只有它还不够。了解周遭发生了什么对机器人来说也很有必要，这就是用外传感器的好处，它可以让机器人看到外部发生的事情。我的小车上要是有测距仪（用来测量自己与前方最近物体之间的距离）就好了。测距仪的工作原理是发射信号再观察信号返回的情况，例如超声波测距仪，它会发射超声波（人耳听不到，但犬类耳朵很讨厌它），然后听何时有回音。测距仪知道声音在空气中的传播速度，会根据声音往返于障碍物间的时间换算出声音走过的距离（距离 = 速度 × 时间），再将结果除以 2（声音在它和障碍物间走了一个来回，所以实际距离是结果的一半）。如果有了这个传感器，在探测到前方有障碍物的时候，程序就可以命令小车转弯躲避了。这样我的机器人就能避开这次撞击了，当然它也可能不服从命令、变得不知所措,但至少在确认计划没有按预期实行的情况下,它是不会大奏凯歌的,这样我和爸妈之间就不会有麻烦了。

很明显,最理想的情况是机器人在避开计划外障碍物后可以自己找到在公寓中所处的位置,并且能够重新设计路线,到达目的地。如果是在户外,定位工作可以交给 GPS 来做,准确来讲它的本职就是计算出 GPS 接收器的当前位置。但事实是:一方面,室内经常接收不到 GPS 信号;另一方面,GPS 定位精确到米,要确认我的小车是在走廊里还是在仅一墙之隔的哥哥卧室里,这个精度是不够的。好了,先来看看我们带轮子的小装置现在都能做什么吧:躲避《卢贡·马卡尔家族》时,电脑面临绝境会命令机器人转弯,通过自身传感器,可以知道每个轮子转了多少圈,从上次探测到的因为障碍而转弯的位置，可以逐步计算出机器人到达的位置。这种基于里程表（测量每个轮子走过路程的量表）的定位方法很不确切，只要一个轮子打了个滑，逐步计算就会走样。因此，用里程表为可移动机器人定位的方法不太可靠。但大家可以看到这一主题的研究十分活跃。

读过这部分内容后，我们知道了如何选择并计算机器人装置部件的尺寸，如何向驱动器发出运动指令，如何用传感器监督完成动作与预期的一致，还有电脑是如何处理传感器信息进而控制驱动器运动的。

感觉—决定—行动这个回路是机器人技术的基础。不过根据我们所描述的这些只能做出很基础的机器人，比如扫地机器人。这种机器人由两个轮子驱动，备有邻近传感器可以探测到障碍物的存在，它只有走直线时才用到大脑，只在与环境中物体相撞时才会转弯。尽管它很简易，在它成为大众消费品之前设计师还是花了几年时间才完成了调试工作。机器人专家的野心从儿时起就承受科幻的浇灌，似乎把标准定得也有点儿太高了：在家里照顾人的人形机器人，我们在驾驶位睡觉时可以安安全全自动开到海边的汽车，或者是能接入黑星电脑系统并解除所有防御的带轮罐头盒。

这一切都需要科学研究工作，我们会在下一个 1/4 苹果里一起聊聊科研的几个方面。

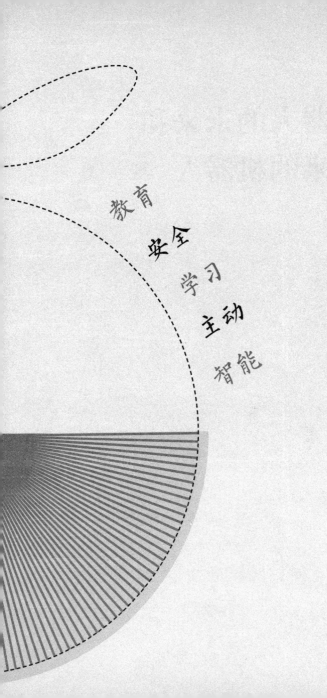

教育
安全
学习
主动
智能

机器人的未来和
未来的机器人

机器人能在所处环境中判断自己的位置，会说话，会倾听，会听懂向它发出的指令，会学习，甚至会主动做事……

机器人专家们难道没把标准定得太高吗？

对环境的感知

这个题目可能不是科研项目里最诱人的那个，但从前面的例子可以看出，一个不知道自己身处何方的机器人是无用的（它没在半夜把我哥叫醒），甚至是危险的（它把我父母叫醒了），所以这是首先需要解决的问题。

第一个方案是给我们的机器人配备能测量周围所有障碍物位置的传感器，可旋转激光测距仪就不错，它可以测定周围各个方向离自己最近的障碍物的距离，当然也可以判断出与周围墙壁的距离。这样，机器人就可以推断出自己是否在走廊的中央，距走廊尽头有多远。因为知道走廊长度和我哥房间的门在走廊上的位置，只要参考公寓平面图，机器人就能知道是否到达了屋门的位置，知道可以转弯了还是应该再往前走一点儿。借助激光，它可以看出屋门是开着的还是关着的，如果是关着的当然就可以避免撞到门上。这种类型解决方案（SLAM型，simultaneous localization and mapping，即时定位与地图构建）很先进，已经应用在工业上了，这种方法还可用于探测绘图（即"地图构建"的由来）。只是可旋转激光测距仪这个方案有一个缺陷，激光成本有点高，如果要为大众所用的话不太现实。于是机器人专家们在新出现的3D传感器上寄予了厚望。这种传感器是用在游戏上的，价格也趋于合理，不过它的设计是用来感知在传感器附近臆想自己是忍者、正在砍僵尸的玩家的，量程和精确度都无法满足定位需要。

于是，研究员们便尝试用 SLAM 原理处理另一种简单得多的传感器的信息，这种传感器就是照相机。好在现在世界上几乎所有手机都内置有相机，它便成为那种成本不断降低但性能不断提高的物品之一，自然值得我们关注了。传统相机的缺陷是只能拍摄二维画面：在一张相机拍摄的照片上，可以看出机器人面前的门是开着还是关着的，却看不出这是一扇远处的大门还是一扇近处的小门。那么，想得到答案的话，机器人就得向前进一些，如果照片上门的尺寸变化了很多，就说明这是一扇很小的门，但是距离很近；如果门的尺寸变化很小，则说明门离得很远而且实际尺寸应该很大。其实，机器人看不到面前有扇门，它看到的只是一个白色的长方形，上面有些有特点的区域可以作为标志：框、角，还有锁眼、把手和门合页在白色长方形上形成的斑点。代表这些东西的专业术语叫"关注点"。可以很容易看出机器人和人在感知上的区别：人关注的是面前有扇门，可能会看到把手在哪，但合页和锁眼不会引起他的注意，我们的感知是整体的；而机器人呢，首先它没有"门"的概念，它感兴趣的是容易探测到的微小细节，这些细节有时我们感觉不到（比如合页和锁眼周围颜色的变化），它通过这些细节进行自我定位。机器人会这样探测成千上万个关注点，之后再逐步计算这些点和自己分别处在空间中什么位置。当它在房间里散步时，它会重建一个由点构成的 3D 云图代表世界，再在里面自我定位、移动。在一个有很多关注点的环境里，这个方法效果非常好。如果是在一个全是弧面白墙的迷宫里干活，机器人就没法判断自己的位置了。但是得承认，这种情况并不多见。

可视 SLAM 有个缺陷，就是要完成探测关注点并存储、在不同画面上辨认关注点、定位时排除不确定因素等这一系列工作的话，电脑的运算能力和记忆存储能力必须很高才行。

于是研究员们设想出了一个与人类在环境中辨认自己位置很接近的方法：拓扑定位，而非度量定位。什么意思呢，就是不再测量机器人与它周围的障碍物（机器人会在它们身上寻找很多关注点）之间的距离（以米计），而是根据更宏观的标志从总体上辨认出一个地方。当我们在外面（没有 GPS 的情况下），按照"我先直行 97 米，之后左转 27 度拐进一条街，再走

77米后停下"这种方式是记不住路的，一般都是"经过面包店之后走左边那条路，路过奶酪店后就是肉店"。这样的话，只要认识面包店、奶酪店、肉店，分得清左右就行了。这就是"拓扑"的含义：只需认得地点，不必知道距离。这种描绘世界的模式比起度量式还有另一个优势，就是更符合人类的习惯：说或者理解"一直走到面包店"比"直行97米"更加直观。在屋里，我们会对机器人说："走面前这条走廊，然后走右边走廊，进入尽头那个房间。"这种象征性描绘世界的方式对电脑存储记忆能力的要求很低，但机器人在街上走时，则必须能识别相机中照片、能分得清面包店和奶酪店店面，在室内时要能认得出走廊和卧室入口。为了能做到这些，就需要让机器人学习，把各种地点的不同照片给它看，好让它身处这些地点附近时能辨别出来。如此说来，功夫就在组建场景数据库和提高辨识效率上了，要知道，当机器人再次来到学习辨识过的某个地方时，光线可能变了，因此某些细节的颜色可能也发生了变化，先前用于学习的物体可能被障碍物（学习时照片上未曾出现的人）遮掩，而机器人的位置也可能与之前拍照的角度有所不同。研究人员付出的一切努力就是为了解除所有这些问题。

对人的感知

我那个小装置爱捉弄人，本来应该趁黑夜去哥哥房间弄点儿动静出来的，但在偷鸡不成反蚀把米之后，我也长大了点儿，哥哥也长大了，不用我帮忙就能失眠了。正如我之前解释过的，我的目标是用机器人帮助人而不是讨人嫌（尽管这也可能是人和机器人形成同谋关系的部分原因）。为了最好地帮助人们，机器人应该尽其所能地感知、理解人们。如果说，机器人以前常被用在工厂或是危险领域、默默地做着人类受不了的工作的话，那它们即将越来越靠近人类并参与到他们的日常生活中去。从前主要从事探测工作、操纵物品的机器人应该要与比它们复杂得多的实体——人类——互动起来。于是，近几年兴起了一个新的研究领域：人—机器人互动，这种互动不再只是人体工程学家的事儿了——点餐屏上菜单怎么显示才最好或者控制台应该是什么形状的，它还需要心理学家、社会学家、语言学家甚至人类学家发挥全部有关人类关系的学识倾囊相助。不管机器人有多少人形，最直观的和它互动的方式显然就是说话。机器人一定要学会讲话，尤其是倾听。

首先一起来快速了解下让机器人说话的难点在哪里。合成声音这种能让机器读出文本的技术算是比较古老了，但这并不代表它的用途减少了分毫：想要正确读出 "Les poules du couvent couvent"（这个句子都把拼写矫正功能给搞晕了，它的意思是"修道院的母鸡在孵蛋"。），机器需要明白"couvent"（既有孵蛋又有修道院的意思）这个词中同样的三个字母"ent"在以第三人称复数为主语的动词"couver"（孵蛋）在直陈式现在时变位中的发音和它作为名词"修道院"中的发音是不一样的。这就需要由语法学家教给机器人如何分析句子、区分每个词的作用，或者由统计学家告诉它每当"couvent"（修道院）前有"du"的时候都读作"COUVAN"。

当然为了效果更好，上述两种方法可以一并采

用。这第一个步骤经历了很多年的研究已经完

成了，研究人员希望能做得更好一点：赋予声

音表现力，避免著名的机器人声音——金属般

的声音且声调一平到底。合成声音首先用标点

来处理停顿，甚至还用到一点韵律学（接近句

号时语调下降，问号前语调上扬，叹号前语调

增强）。可以想见，要完善的地方是无穷尽的。

法国有个科研项目叫 GVLEX（手势声音共现生

动阅读），项目设想制作一个会给孩子讲故事的

小型机器人。尽管这类阅读的目的一般是让孩

子入睡，但机器人也得让孩子愿意听它讲才行。

研究人员要实现文本自动分析功能，这样机器

人就会根据不同人物选择调整声音——比如在

扮演小红帽和大灰狼的时候。顺便提一下，机器人还得知道小红帽的声音比较细、比较尖，大灰狼的声音比较粗（除了它哄骗小红帽或是假装她外婆的时候）。这一切对于给孩子讲故事的爸爸来说容易得很，但对研究人员而言却需要绞尽脑汁给机器人解释如何做才能实现。

然而倾听的挑战更大，作为"伴侣"，这也是机器人最受期待的方面：如果说人们喜欢和他们说话的人，那么人们更喜欢愿意倾听他们说话的人。在"听"这个问题上，机器人和人是同等对待的。并不是说我们期待它们像知己一样关心我们、善解人意（尽管类似《她》的电影已经开始探讨这个问题了），但至少当我们命令它们或是向它们提出问题时，我们应该不用特别大声地重复，只要在一定字数内慢慢讲，它们应该就可以听懂。我一开始带到养老院的那几个机器人就存在这种问题。我们只好让老人大声地一字一顿说话给机器人，因为它听不清；老人还得站在机器人正对面，因为它看不清。老人家们被逗乐了：我们提供的机器人和他们视力、听力水平一样。这件事有一个好处，就是老人能从中意识到机器人并不是全能的，也不是非用它不可的，它只是不完美的机器，需要老人像帮助自己那样去帮助它。但是手机和电脑都能听懂我们说的话呀（专家称之为"自然语言"），为什么机器人的听力还是一个难题呢？主要的不同是我们讲电话时，嘴部离手机很近，声音可以直接传入话筒，可是谁都不愿意贴着机器人的耳朵和它说话吧。谈话过程中，机器人与说话者可能相距一米，而当我们叫它过来做什么时，它可能离我们有好几米远。因为发出声音者（我）和接收者（机器人的话筒）之间距离的原因，会出现众多问题：到达话筒的音量变少了，声音可能在房间墙面进行反射，话筒会分辨出我说了很多遍相同的话，它们之间存在微小的时间错位（这和我们在山间听回声是一个道理，只是这里时间差非常小，不仅没有回声有意思，反而会让错位的字词在话筒里都混杂在一起）。除此之外，机器人可能正在移动或是讲话，自己还会发出噪声。所以应该让它不要听自己说的，也不去在意电机转动或行动时发出的声响。即使从表面看机器人似乎并不吵，但其实它的身体就像共鸣箱一样会放大噪声，然后噪声会传入话筒中（这和吃榛子一样，我们自己嚼榛子时听到的声音要比旁边人听我们嚼的声音大得多）。于是研究人员投入到回声消除功能的研究中，希望能借助它"清理"进到话筒中的声音——回音和机器人自身的声音。想达到这个目的，有几种方法可以相互配合使用。首先是过滤频率和学习自身噪声一起用，前者的意思是在知道人说话的频率之后，机器人便不再听取人声频谱之外的频率；后者是指让机器人听自己移动（而且无人和它讲话）时的声音，记住这些噪声在话筒里是什么样的，当我们再次和它讲话时剔除这些噪声。后面这种方法所需的信号处理算法是存在的，需要做的就是让算法能在机器人的信息处理机（运算力不一定很强）上即时运行。其实，想让对话成为可能的话，不能让机器人花很长时间才明白跟它说了什么。实验表明，如果机器人做出回答的时间超过 200 毫秒（即 0.2 秒），对话就开始变得不自然了。另一种用来改善话筒音质的方法是让机器人集中听力，只要它像我们一样至少有两个耳朵（对它来说是两个话筒），就可以确认声音是从哪里传来的（只要回音不太多），甚至能更精确地收听一个方向的声音。举一个简单的例子：当说话人面对机器人时，他的声音会同时到达左右两个话筒，如果认为这两个话筒中的声音是同时的、忽略错位声音不计的话，机器人听到的就只有说话人的声音，所有前方之外传来的声音都会被忽略。当然了，原理简单，实现起来则比较复杂，但我们曾让一个机器人在嘈杂的环境里成功听到了距离它两米的人说的话。听力集中的一个缺陷就是会因此丢失声音信号的一个重要品质：探测到身后发生什么事的"不定向"声音。对人和动物来说，声音是种警报信号，它能为我们最信赖的感官—视觉指引方向。对于机器人来说，这一点同样很有用。如果机器人在另一个房间，那它就与使用者没有视觉接触，此时呼唤便是唯一能引起它注意的方法，而呼唤它的人不确定在哪，所以机器人应该能够耳听八方。这样，就需要它能在全方位收听和专注听一个说话人之间自如转换。还有一种可能就是几个人同时对机器人说话，这就需要它能区分每个人说了什么，即做到"区分音源"，辨认出不同方向传来的不同声音并分别听取。可见，在清除了话筒杂音后，我们的小可怜儿要做的还多着呢。

接下来要说的在电话上也用到了——声音辨别系统，就是接收到信号后，需要将声波转化为软件可以理解的文本。这个问题我就不展开阐述了，它虽非机器人技术所特有但却很有意思。需要注意一下，这种文档誊写并不是100%能够完成的。软件如果对要识别的某个词不确定，就会给出几个可能的词并附上相对的可能性，比如："pâté（酱），67%"，"bâté（蠢），23%"，"maté（被打倒的），10%"。软件负责选出这三个词，然后理解下句义，根据上下文确认是否可能性最大的词就是最合适的。和"驴"用在一起的话，"驴酱"说不太通，"蠢驴"和"被打倒的驴"还说得过去。负责理解的软件有时也会搞错，这种情况一般都挺搞笑的，就好比姥姥奶奶只能听懂自己愿意听的一样。

话语理解的下一层次（软件专家总喜欢以"层"代表软件的不同功能，信息穿过这一层层之后会变得更加丰富，就像千层酥因为有好多层才好吃一样）是理解。最简单的理解是以动作回应听到的词。比如机器人听到"您好"时会回答"您好"，听到"起来"时会站起来。这样就需要建立一个规律库，将所有机器人明白的词和它会做的所有行为对应起来。有一些词是没有相应行为的，机器人应该也能合理应对，这时回应"啥？"可以，但"什么？"好一点儿，"我不明白你问我什么？"更好。为了让我们和机器人之间的交流不那么死板，应该让它明白"您好""你好""Hello"都是打招呼，回答时可以说"您好""你好"和"Hey man!"（嗨，哥们儿），也就是说，规律要复杂一点才能以同样的方式处理不同情况。这就是语言行为的意思，"您好""你好""Hello"对应的是同一语言行为——问候；

它们的回答则属于另一语言行为——回应问候。规律会将不同语言行为联系起来。那也可以说"嗨，哥们儿""Hey man""先生您好"都属于问候这同一语言行为。好了，现在我们规定，任何具备"您好""你好""Hello"之一、后面跟或不跟引起注意的成分的句子，都是问候语，而要回应的话，机器人也可以在已知的用语中进行选择。当我们对机器人 Nao 说"先生您好"时，Nao 也许会回答"嗨，哥们儿"，这可能是它随机选的，也可能是它根据背景认出了说话者，它还可以依据与说话者的亲密程度选择回答时直呼其名，抑或叫他的外号甚至开玩笑。比如对一个大胡子说"您好小姐"。开发人员觉得有个爱捉弄人的机器人是件很惬意的事，如果机器人出错了，它说自己是在开玩笑就行了。

　　这种互相问候是最简单的对话了，其实语言行为的应用要多得多：机器人可以了解和交流对象有关的消息，根据对方的回答展开新一轮对话。这样机器人技术领域就出现了一个新的职业：机器人对话编写家。他的工作就是设想出一个人可能想对机器人说的所有话和回答，回答不能重复，要能抛出其他问题，还要能应对机器人不知道怎么办的情况。根据社会学家对夫妻生活的长久研究，"我头疼，得去休息一下"是一个有效脱离对话的方法；"很抱歉，我得去交一下停车费"也好用。如果说句子是与机器人交流的一个好方法，那么加上词句之外的标志（比如说话时的韵律、停顿、语调的改变）的话效果就更好了，这些标志机器人也应该能懂、会用。现在检测技术已经达到可以不参考话语内容便能判断出说话人是高兴、悲伤、气愤还是其他情绪。所有这些标志机器人都要记住，以此为依据调整跟交谈对象的互动；另外，如果有对方的心理测验图的话，调整就会更加合理。如果机器人在我的声音中检测到了悲伤情绪，它是应该和我一起悲伤、表达同情，还是应该给我讲笑话改变我的心情呢？这应该取决于我的心理图，我之前应该给过它，或者它也可以用一句冷笑话打发我。如果我跟它说没用，它会再通过我的反应学习下次该怎么做。

这里我们探讨的沟通还有最后一个方面，就是肢体语言。一个真正懂得沟通的人知道，肢体和嘴巴所能传达的东西其实一样多。如果我在同事讲他自己的假期过得如何如何时双眼放空，或者在女儿说她放冰箱里的那块蛋糕不见了时低着头看鞋，用不着说话，我的信息就已传递出去了。肢体语言在人与机器人交流中也会越来越重要，机器人不仅要能运用姿势动作（尤其是人形机器人），还应该注意我的头是什么姿势，眼睛看向哪，肩膀是什么姿态，嘴和眼睛都是什么形状的，这样才能尽可能准确地判断我的精神状态，做出最符合情况的行为。简而言之，我们不希望机器人像个机器人一样死板，而是要像个感性的个体一样思虑周全而后行。这对我们在日常生活中对机器人的接受度也会产生很大影响。

人工智能

聊机器人技术的时候很难不谈到人工智能，即使它在其他机器上的应用比在机器人身上先进得多。从某种程度上看，我们已经讨论过一点儿了：辨识自然语言，对话，辨识画面内容，规划路线……所有这些项目都是或曾经是"人工智能"这锅大杂烩的一部分，随着时间的推移，这口锅里面炖的东西也在变化。在20世纪80年代，当一个人造乌龟（就是由两个电机各自驱动一个轮子做成的）依靠嗅觉（二极管做的）自动觅食（由房间角落放的灯泡充当）时，我们便称之为人工智能。如今，高级自动吸尘器也能做到这点，我们都有点儿不好意思管它叫人工智能。

上面所提的项目现今依然能令积极活跃、不断创新的科研界热血沸腾，也够再写好几段的，但我想就人工智能还没特别提到的两个方面再重点阐述下，即决定与学习。

决定是机器人技术的动力之源，是它根据目的将感知与行动连接起来的结果。决定的事情可能很初级：为了使关节呈现所需姿势应该向电机发送什么样的电流？这其实已经不是人工智能的范畴了，而是自动化。决定的事情也可以很高级：机器快没电了，但它照料的老人摔倒了，这时应该怎么办？这里的"智能"简单来说就是指机器人有能力在已知行为中选择一个或几个最合适的。机器人其实拥有一个行为图书馆："踢踢足球""打太极""给自己充电""去跟用户说话""坐下""站起来""去找东西""给某人打电话""谈论天气""到某人身边来""说你好""探索一个陌生的地方""提醒约会"……打个比方，在通常情况下，机器人怎么知道给亲人打电话比谈论天气或者踢足球更合适呢？这对于我们来说可能很轻松，因为看一个行为的名称我们就能知道要做什么、在什么情况下做比较合适。最简单的方法就是用户直接命令机器人执行任务，机器人什么都不用决定，只要按照命令去做就行了。但这样的话它就只是个执行者，而不是关心用户、在用户开口之前就主动帮忙的伴侣。再说，真是这样的话，如果一位老人躺在地上失去了意识，他就没办法向机器人求助，而机器人还在角落里静静地等待指令。为了避免这种极端情况，就应该让机器人具备自主行为，比如到时间就提醒用户吃药，如果轮到用户问机器人自己是否应该吃抗失忆的药的话，恐怕服药治疗的效果就要减弱了。也就是说，有时机器人应该主动发起自己用户的一些行为。提醒吃药这个案例很简单，机器人只要每次提前5分钟与用户取得联系，提醒他应该做什么就行了。但对于其他行为来说，发动的条件就更难把握了。需要说明一下，每个行为都附有说明，指明在什么样的背景下应该（或不应该）发动该行为。举个例子，如果室内温度持续高于25 摄氏度而用户已经很久没喝水了，就应该发动"让用户喝点儿东西"这一行为，参数是"东西"，采用的句子是"喝一杯怎么样？"。看起来这种规则好像挺简单，但对于机器人来说，要理解"持续"、"很久"并不容易，这些都要花好几秒呢？再说它怎么知道用户最近喝没喝水呢？如果它看见他喝了的话就容易了，但否则呢？如果它没看见他喝水的话，是因为他真的没喝还是因为它没看到而已？不过机器人还是应该提出问题，但如果提得太频就讨人厌了。这也是为什么要慎重考虑机器人的积极主动性的原因之一。我们在研究这个自动发起行为系统时和图卢兹老年研究中心的人员开过一次会，会上有位老年学家一开始就讲道："切记，机器人不要过于积极主动。"老年人最怕的其实就是什么都还没让机器人做呢，它自己就活跃起来要完成任务了。在给它解释过发动行为前要分析情境之后，情况好一些，但要使行为合适，没有攻击性也不让人担心的话，肯定还有很多调整工作要做。

为了令调整工作体现价值，为了让人与机器人和谐共处，学习不失为一个好办法。初级学习指的是能调整参数。如果机器人总是问用户喝不喝水，用户就会抗议，对它解释没必要每5分钟就问他一次，那机器人就会修改参数，等喝水的提议被接受了，它就知道调好了。这就是强化学习的原理：用户通过告诉机器人它做得好还是差，帮助它自我调节。当然了，学习不仅局限于调节参数，学习对象还可以是行为。

我们目前正与几家极负盛名的欧洲实验室就一个欧洲项目（Robohow）进行合作，目标是让机器人可以独立学习做任务。我们选择的任务是做薄饼（pancake）：用户让机器人给他做薄饼。机器人收到要求时根本不知道"薄饼"是什么意思，所以首先它要查阅在线字典，发现它是一道有固定菜谱的餐点，然后再去美食网站上找到菜谱。这里我就不细说要花费怎样的才智，机器人才能智能到理解这种命令了："在大碗里加入整蛋"（是说带壳的吗？）或者"调入牛奶，搅拌防止结块"（做法中并未提到要用叉子或者搅拌器）。所以，机器人首先得把给人写的菜谱补全成机器人能理解的，补全所有言下之意和弦外之音。另外，大家都知道"避免结块"是做好可丽饼糊或薄饼面糊的关键，而这一点却恰恰最难从书中习得，必须厨师言传身教。这样机器人就要向专家请教，让他展示或者带着自己做。这种学习叫做模仿学习：机器人观察专家的姿势或请专家指导自己的姿势，借此学习调制没有结块的面糊。当然了，难点不只在于模仿姿势，还在于姿势的衔接（手拿搅拌器的环形动作）和周围的东西（搅拌器动起来时应该处于大碗中央，它周围是其他配料）。此外，还要一边"搅拌"一边倒牛奶，并且不停"搅拌"直到面糊均匀。机器人在学习过程中要收集、分析这么多信息，还得规划手臂"搅拌"时的路线。好在有海量数据处理、数据关联技术和全方位算法优化，模仿学习在一些顶级实验里初见成效。这个效果必须越来越好，因为不可能让所有拥有机器人的人都成为编程专家、用计算机语言编码自己所需要的行为。当然了，我们可以设想在类似手机应用商店的机器人应用商店里获得一些行为，但复杂的行为还得通过学习获得。也许以后要改称"机器人程序员"为"机器人教育家"了呢。

安全性

为了能为人类所用，机器人应该无论在认知上（为了使沟通尽可能方便）还是在身体上都更接近人类。工业机器人最常见的是被关在笼子里执行操作任务，它们虽然速度非常快，但并不会和人类发生冲突；家用机器人则不同，它需要与用户共同分享工作空间，因此有可能出现碰撞、钳到人或者跌倒等情况，这些都是要极力避免的。

因此，研究人员都在努力赋予机器人预见或检测与环境之间意外冲突的能力，方法主要是使用邻近传感器和"敏感皮肤"，探测障碍物靠近、防止与其接触，包括在突然接触时起到缓冲作用。同时，借助"力控"，机器人可以随时比较用于各个关节的力量是否与完成任务所需的力相符。比如要端平胳膊的话，机器人正常只需要克服重力，如果它用的力大于臂重除以杠杆力臂的话，就说明有其他力在阻碍手臂运动，可能是撞上了什么东西，这时就需要中止手臂运动。通过持续观察每个关节处用力的情况，机器人可以在很大程度上降低伤人损物的风险。

如果说机器人应用存在身体上的风险的话，那么相当于大脑的电脑存在的风险也应该考虑进来。首先就是电脑故障（bug）。当我们的家用电脑发生故障时,屏幕上会出现(或消失)一个窗口,并导致应用程序闪退,甚至电脑重启。这种情况很烦人,尤其是在我们工作好几个小时却忘记保存的时候,不过幸运的是,结果有时也并非那么悲剧。但如果故障导致机器人摔在某人身上或是忘记提醒吃药的话,恐怕就不是不悦那么简单了。因此,机器人应该能够最大程度上提防那些致使行为与程控器设定不同的计算机故障,这样它们才能在生活中占据更多位置,体现更多用途。这似乎是个不可能完成的任务!然而在核能、航天甚至汽车领域,控制关键功能的软件都能做到这点。这些软件是用特殊方法设计的,大部分是自动的(由自动编程软件编制,它们不会做bug),并且只会做让它们做的事。对机器人来说,至少应该有几个涉及敏感操作的关键功能能够满足要求，让用户放心。机器人学家和计算机专家已经在联手向这个目标迈进了。

在机器人领域，研究人员关心的问题数不胜数，这里因为篇幅原因，我就不展开谈了。仅就人形机器人来说，问题就有手部及抓握算法、搬运过程整体平衡的保持、理解用户姿势及活动、可实现奔跑及跳跃或至少可以流畅运动的腿部设计、摔倒的处理等等。还有我们没聊到的机器人：轮式机器人、无人机……但我还是希望大家可以从中窥见一斑：只为机器人能与人类这种杰出的机器更接近，机器人要完成我们认为平淡无奇的任务是多么困难，研究人员要解决多么棘手的难题。

呢们来的●＊的高云回

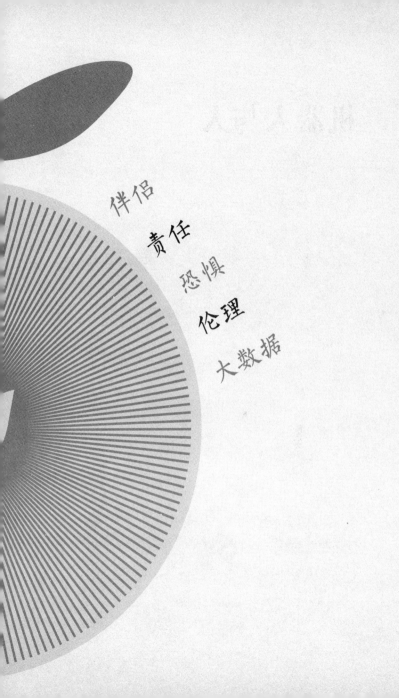

伴侣

责任

恐惧

伦理

大数据

机器人与人

机器人比轮椅可爱多了……但它真的更有用吗？而且在生活中，我们准备好要给科技更多的位置了吗？社会自身是否知道如何权衡这场变革的利弊呢？

我们的生活欢迎机器人吗？

文学和科幻电影中到处充斥着机器人占据人类在社会中的地位的例子，引人焦虑……

卡雷尔·恰佩克在 1920 年发明了"机器人"一词，从他那出奠基式的戏剧[①]到《刀锋战士》再到最近的《终结者》，可以说所有人都"认识"那么一两个想置人类于不利、作恶人间的机器人，而不怎么会谈到屡次救卢克·天行者[②]于危难中的 R2-D2 和 C-3PO，还有永不言弃清理地球的环保小斗士——Wall-E[③]。

当我们问老人家是否考虑借助机器人提升

---

① 指《罗素姆万能机器人》，捷克剧作家卡雷尔·恰佩克创作了这部戏剧，为英语带来了"机器人"这个单词——译者注
② 《星球大战》系列电影主要人物之一。——译者注
③ 科幻动画电影《机器人总动员》中主要角色。——译者注

生活水平时，他们的反应非常消极："我更喜欢真人"，"我肯定不会用"，"怪吓人的"，"为什么要用？"。当然了，他们对高科技本来就没什么好感，更别说机器人了，再加上糟糕的联想，有这样的反应是很正常的。问过这第一个问题后，我们会给他们展示一个身高 60 厘米的小机器人，它说话的声音带点娃娃腔，有金属感，跟它说话时它会做出回应，动起来姿态还很优美，这时大家反应就不一样了："它叫什么名字呀？""它都会做什么？""我能和它说话吗？"。之后，小机器人将证明自己会提醒吃药、能与交谈对象进行简短的对话。好了，最终评判基本明了："它比轮椅可爱多了！"这条评论可能有点奇怪，但通过它可以看出，许多借助过科技辅助手段自主生活的人对护理产品都有不好

的印象，如果说眼镜和助听器现在看来没什么
不妥的话，那么步行器或是轮椅则可以立刻将
您归入"有问题"的那类人，但如果是一个可
爱的小机器人帮您渡过残疾难关的话，他人的
看法则会完全不同：您能有个人形机器人可真
幸运。这也是将机器人设计成人形有利的原因
之一，虽然它的做法并非最简单、成本也并非
最低廉。当然，也不是所有人见过机器人后都
会给出积极的反馈："一个只有 60 厘米高的机
器人能帮我什么啊？""它永远都听得懂我的要
求吗？""它够聪明吗？""我不会做的事它会做，
那它不就成了家里的老大了吗？""如果它什么
都替我做了，那我不就会变得懒惰、然后连仅
剩的能力也一点点丧失了吗？"所有这些问题
都很合理也很中肯，不过既然对机器人的接受

情况还是偏于乐观的，那我们更可以一起思索，努力找出这些问题的答案，采取必要的预防措施来避免不希望看到的情况发生。机器人善意的外表和行为可以打破僵局，这样就有了让其为大家所接受的方法，我们只需共同将之付诸行动即可。下面，让我们一起来聊聊老年人提出的（之前没涉及的）和社会应该思考的问题吧。

机器人会超越我们吗?

机器人是会动、有传感器的电脑，而在很多领域，电脑已经超越我们人类了：它算立方根比我们快，下棋比我们厉害，用 ABS 停车比我们靠谱，还会开飞机（所以借着做机器人，我终于也和飞行员沾上点边儿了）……因此，答案是肯定的，在一些精细、形式化的领域，机器人是会超越我们的。那这是否就意味着机器人有一天会主宰我们呢？我们永远都拥有一个法宝，能让它按我们的意愿行事。拿汽车来说，我的车自己有各式各样的电子装备，它停车停得比我好，还能给我一直导航到村间小道上，在拐错弯走错路时会给我纠正，还能控制车速保持安全车距。但是，去哪儿是由我决定的。如果我想开着它去车行买辆新的，它也不会妨碍我。只要我们还设计科技产品，让它们听从于我们、完成我们指定的任务，它们就没有任何理由做别的。当然了，如果是心怀不轨的人给汽车编程让它永远不去车行。或是将机器人设计成只会拿木薯粉给我吃，那就意味着严重的数据冲突了，就像计算机病毒污染我们电脑一样。

因此，就需要我们的机器人（比如电脑和

汽车）能够自我保护、抵抗病毒，防止机器人与我们日夜相伴获取的信息被远程操控的人盗用。机器人生产商有责任提供一定程度的保护来应对这种数据威胁，而且提供的保护中肯定要有那种安全程序，能监视保护情况和内外部存储数据。实际上，大数据（电脑从大量服务器收集、向它们发送数以百万计各种信息的能力，这些信息会经过大型统计软件分析，用来为我们更好地建模，适应我们的需求）可以将我们在家中收集到的信息同时在地球上任何服务器上都能找到。这样，机器人就能更好地理解我们的生活方式，把有同样特点的客户所使用的新功能推荐给我们；但是更了解我们也有不好的一面，就是这些私人信息说不定会传到哪里去，虽然在被倒进"大数据"这锅粥里之前，数据一般都是"匿名"的，但普遍存在的钓鱼风险（协议经常是在用户没有意识到的情况下签定的）困扰着越来越多的信箱和免费搜索引擎使用者。在一些利益大于人道的地方，机器人用户应该有权确保机器人收集的数据不会在自己不知情的情况下被数据存储服务器所有者用来牟取利益。这是机器人生产商和服务器供应商需要共同承担的责任。说到这里，关于责任的问题还值得再来探讨一下。

谁来负责

当我们和机器人一起生活，它能够做的决定越来越多时，如果它做了蠢事，那么谁来负责呢？

这个问题在法国汽车刚装上速度调节器时

就被排进讨论日程了。那些经过收费站没停车或是闯红灯的司机总会归咎于调速器。很明显，犯错司机口中的罪魁祸首并非调速器本身（自动装置或机器人），而是这套可能运转不灵的系统的制作方。同理，当机器人犯错时，不能怪它，可能错在设计或漏编应用程序的人，还可能是用户操作不当。其实大部分司机违规都是因为操作不当：控制巡航定速按钮有好几个，司机因为搞不清它们的用途而不知道该如何解除自动巡航（至少对那些出于好意的违章司机是这样）。如今用来明确自动装置引发事故责任的法律已经比较健全了：在调速器一例中，或者自动装置没有按规定运转，责任在装置或软件生产商；或者装置是按设定运行的，用户使用不当，责任在用户。纸上看来很容易，但实际操作时就难了。既然人形机器人可能什么都会做，那怎样为机器人及其功能的正常用法下定义呢？对此，机器人及其应用的生产商应该努力给出答案。有一个方法就是尽量将机器人使用方法描述得复杂无比，这样大家就懒得看也不会遵守，出了问题就不是生产商的事了。想象一下做充气泳池的人对产品使用注意事项的描述：仅供在水中站得住、会游泳、有泳圈的儿童在家人监护下使用。当然，除了注意事项之外，明确机器人使用方法还需要切实的努力，同时，像其他一切新技术一样，学习也非常重要（互联网就是个绝佳的例子），这样用户才会了解机器人的能力和局限。

一些法学家认为，因为机器人被赋予了学习能力，就可能引起责任既不在机器人生产商、学习软件开发商，也不在用户的行为：学习过程中，机器人可能遇人不淑，可能有不好的经历，让它认为为道义所不容的行为才是最好的行为（某种程度上，机器人的童年很不幸，可以减轻对责任人的量刑）。假如面临这种情况，谁来埋单？这样的话也许应该有一种保险之类的东西，强制机器人生态系统里的所有成员都要购买，如此便有赔偿基金，用来补偿被没教养的机器人伤害的人。这个方法看起来行得通，就看如何估计费用了，这一步只有实验后看反馈才能够计算出来。

机器人伦理

从责任到伦理只有一步之遥，迈过这一步，本书也就接近尾声了。由无人机掌管生杀大权好吗？让机器人代替人类走上工作岗位好吗？把独自生活的爷爷奶奶托付给机器好吗？第一反应当然都是"不好"：一般来说应该尽量避免用机器人代替工作者而导致人们失业；老年人最好由积极阳光的年轻人照顾。但我们很快就会明白，这些快速、正统的回复并不能反映真实世界里的众多束缚。每个人对机器人的使用都有自己的观点，我只想为各位提供几点参考，请大家辩证地看待问题之后再选择阵营。

当一架无人机在阿富汗决定对某个人使用武器时，其实它是由几十（甚至几千）公里外游戏玩得很厉害的军人操控的，这里要考虑到两点。首先，无人机起到的作用只是缩短凶手和受害人之间的距离。其实很久以前，狙击手就可以用远射程的枪杀人而不必以身犯险了，这里要讨论的是"决定"一词。实际上，无人机并不会因为一个人长得像某个战争首领就决定杀死他，它只是在执行向有某些特征的人射击的命令而已，做决定的是向它描述射击对象特征的那个军人。如果机器人（无人机）错杀了一个无辜的人，也并不意味着它认为拿枪的就是坏蛋，而是因为命令它的人给它的描述不够精确。您可能会说，在受害者看来分得再清结果也没什么区别了。没错，但想要明确事故责任的话，区别可就大了：给机器人编程的军人是唯一责任人，应该承担起责任。使用这类武器的目的并不是把战争行动的责任推给机器人，而是努力保护进入敌方领地的己方战士的人身安全。我相信从士兵及其亲友角度来看，这个观点是成立的。那么似乎还有最后一个问题：不冒生命危险就能终结别人，这样道德吗？肯定有人会说："无论如何，就算机器人不终结人的生命也会终结我们的工作！我们国家失业的人已经够多了，为什么还要把工作给机器人呢？"确实，地铁检票闸机代替了检票员的工作；汽车大众化让养马人、马蹄铁匠和制鞍匠的日子很不好过。但是地铁自动化衍生出了一整个尖端工业；汽车行业提供了很多工作岗位（至少在一段时间内是这样的）。当然不同行业对人的要求不同，《丁香检票员》①没能改行为读取磁卡编程，马蹄铁匠也不一定都能改行修轮胎。科技在进步，我们应和它一起进步，甚至进一步推动它进步。如果我们自诩为受其他国家技术侵略的受害者，

———————

① 法国一首吉他曲，原文《Le Poinçonneur des Lilas》——译者注

那么对失业和机器人技术间联系的解读就过于简单化、无需论证了。在发展机器人行业的同时是可以产生新岗位的，而且眼界放得更宽一点来看，企业在自动化或者说机器人化时虽然可能会经历比较困难的转变阶段，但之后普遍会运转得更好，创造出更多财富和工作机会。另外，有意思的是，自动化水平最高的国家失业率是最低的。

那既然有这么多人没有工作，为什么还要让机器人来照顾老年人呢？这个问题问得好。几年前，我结识了一个加拿大人（他不是搞机器人的），他发现在加拿大有救济老年人的需求（加拿大人口老龄化仅次于日本，位居世界第二），于是开办了一家家政服务公司，他开着小货车去看望签过合同的老人，替他们购物，给他们做饭做家务……几周之后，我这个加拿大朋友联系了我，询问近况之余主要想说他觉得小机器人应该可以帮到他：家政人员忙着完成千篇一律的工作时，机器人可以转移老人的注意力，让他们做点认知练习。这个从实践中得来的需求让我很欣喜，也许使用机器人会促使原本没有意愿照顾老年人的人来设计护理机器人，这样他们也就变相地参与了照顾老年人。我们可以明确：很长一段时间之内，机器人在这种服务方面还不能完全代替人类。但不可否认的是，从经济层面看，支付一个全天候24小时都能陪在长辈身边的人的费用是很高的，而机器人或是其他任何能在人工护理缺失的情况下确保达到一定效果的辅助技术都是可取的。

几年前，一家日本公司开发了一款很可爱

的海豹宝宝机器人，它几乎只有一个功能，就是在有人抚摸的时候呼噜，抚摸不够的时候哭叫。这款机器人在日本养老院非常受欢迎。当日本研究员在一次科研大会上介绍这款机器人时，我没忍住对他说让老人玩毛绒玩具会让他们变得幼稚。这位研究员非常温柔，他让我别急着给出关乎道德的评价，先看看这个机器有什么益处。拥有这种机器人的老人比其他老人在面对一些事情时更加平和，海豹宝宝就像宠物一样（还永远不用给它换窝）能让老人安心，如果他们觉得这太幼稚了，不用就行了。在我们身边，机器人可以扮演很多角色：日常生活助手，永远乐于倾听的伴侣，能替我们上网、把我们与周围物品联系起来的电子小精灵。它其实就是电脑和宠物的后代，它了解我们、照

顾我们、为我们服务、鼓励我们（还不用考虑
驯养动物时可能发生的不快）。通过研制这样的
机器人，我终于在某种程度上也算是个兽医了。
这也是我实现梦想的一种方式吧。

专业用语汇编

强化学习

对人来说，这种方法是指在某种情况下变通地采取正确行为。当机器人要完成一项任务时，会产生一套任务结果评估系统。这里以调整音量为例做一下说明：当机器人与老年人交谈时，它会把音量调高至最大音量的75%，如果老年人回答"什么？"，它会在下次说话时再提高音量；如果老年人说"你要把我耳朵震聋了"，它就会降低音量，慢慢地，机器人就会把音量调到最佳了。该学习类型也适用于更复杂的例子，比如走路，只是这样的话需要机器人结实一点儿。

感知 — 决定 — 行动回路

这是所有智能体的运作方式：我观察到一个情况—我根据情况和目标做出一个决定—我按决定实施行动应该可以达成目标。机器人技术之美，在于闭合了这个回路：实施行动后再次观察，看目标是否已经达成，观察之后再产生新的决定，再做出新的行动，就这样循环往复直至目标达成。注意一下"闭合回路"的反面"开放回路"：如果没有外传感器，机器人就变成了自动木偶，不知道自己是否已经达到了目标。

信息总线

指信息在多个系统间传输的方式。此传输方式的特点是有实物（一束电线光纤）承载，有协议描述发送至此承载物的信息格式。总线与点对点连接不同，前者可将多个系统互联，而后者仅允许两个系统之间互联。在机器人领域，总线将电脑与各个传感器、传动器相连，好比一台场内巴士（而非从宾馆接运动员去比赛场地的那种场外大巴）。

传感器

使机器人能够感到自己的运动（自身传感器）和环境的运动（外传感器）的装置。该装置可以将物理现象（图像、声音、力……）转化为可被电脑解读的电信号。最常用的自身传感器是位置传感器，例如可以测量转子转速或机器人腿关节的传感器。最著名的外传感器是相机和话筒，可帮助机器人看到周围环境、听到我们说的话。如果没有外传感器，机器人只是个自动木偶。

电子技术

这是一门处理所有电信号（电子移动形成的电流）的技术：如何将其从一点引至另一点，如何保证其质量，弱时如何加强、强时如何减弱，控制驱动器时如何精确调节等等。在机器人身上，它体现为将电线、接头（通俗叫"插头"）和组件焊接于一体的电路板。90%的电子问题都是电线损坏、接头没连好或连错了。

接口

这个词涵义很广,并且是个重要的概念。一个系统的接口是指它呈现给其他系统的一个装置,其他系统可以通过这个装置使用它。对于人来说,他与电脑的接口包括键盘、鼠标和屏幕(现在还包括触屏)。对于屏幕来说,它与电脑的接口是带有特殊接头的那根线,如果屏幕和电脑的接头不匹配就麻烦了。对于人形机器人来说,它最自然的接口是言语和听力。当一个系统使用不了时,问题可能出在接口上。

力学

除量子力学这一分支外,力学可能是一门最古老的工程师科学了。它用于描述所有物体的运行方式:物体在被放开时是如何下落的,受力时是如何移动、弯折或碎裂的。在力学上,我们制作的所有物品的动作都可以以数学方程表示,动作的幅度也可以计算出来,以便准确实现我们期望物品所具备的功能。引申一下,力学能够规定一个制成物品——如机器人——的所有结构和启动部件。

关注点

对于机器人来说,关注点是所观察的场景中存在于一个画面上、在另一画面上可以轻易辨认出来的那些点,例如画面上有强烈对比、有明显的色度或是轮廓特别精细之处。关注点可能只是几小块像素,一般不会引起正常人的注意,但对机器人来说却是难以忘怀的。从这一点也可以看出，机器人与我们真的不同。

机器人技术

这个术语涵盖了制作机器人所需的全部技术。机器人学家同时也可能是力学专家、电子专家、计算机专家，如今甚至还可能是人体工程学家或者语言学家。机器人专家与上述这些专业人士不同的是具备了了解并调整非自己领域的问题的能力。

图书在版编目（CIP）数据

机器人是人类最好的朋友吗／（法）鲁道夫·格林著；孙兆原，应远马译．—上海：上海科学技术文献出版社，2016
（知识的大苹果＋小苹果丛书）
ISBN 978-7-5439-7175-2

Ⅰ.①机… Ⅱ.①鲁…②孙…③应… Ⅲ.①机器人—普及读物 Ⅳ.① TP242-49

中国版本图书馆 CIP 数据核字（2016）第 199925 号

Le ROBOT, meilleur ami de l'homme ? by Rodolphe Gelin
© Editions Le Pommier - Paris, 2015
Current Chinese translation rights arranged through Divas International, Paris
巴黎迪法国际版权代理（www.divas-books.com）

Copyright in the Chinese language translation (Simplified character rights only) ©
2016 Shanghai Scientific & Technological Literature Press

图字：09-2015-808

责任编辑：张　树　王倍倍　　封面设计：钱　祯

丛书名：知识的大苹果＋小苹果丛书
书　名：机器人是人类最好的朋友吗
[法]鲁道夫·格林　著　孙兆原　应远马　译
出版发行　上海科学技术文献出版社
地　　址　上海市长乐路 746 号
邮政编码　200040
经　　销　全国新华书店
印　　刷　昆山市亭林彩印厂有限公司
开　　本　787×1092　1/32
印　　张　3.5
版　　次　2017 年 1 月第 1 版　2017 年 1 月第 1 次印刷
书　　号　ISBN 978-7-5439-7175-2
定　　价　18.00 元
http://www.sstlp.com